U0258192

中国美食地理

小吃中的世相

魏水华 ◎ 著

青岛出版集团 | 青岛出版社

图书在版编目（CIP）数据

小吃中的世相 / 魏水华著 . — 青岛：青岛出版社，
2024.5

ISBN 978-7-5736-2331-7

Ⅰ . ①小… Ⅱ . ①魏… Ⅲ . ①风味小吃 – 中国
Ⅳ . ① TS972.116

中国国家版本馆 CIP 数据核字 (2024) 第 103009 号

XIAOCHI ZHONG DE SHIXIANG
书　　　名　**小吃中的世相**
著　　　者　魏水华
出 版 发 行　青岛出版社
社　　　址　青岛市崂山区海尔路182号（266061）
本 社 网 址　http://www.qdpub.com
邮 购 电 话　0532-68068091
出 品 方　桔实文化
出 品 人　张雪松
选 题 策 划　郑本湧
出 版 统 筹　赵泽涵　　王廷宇
策 划 编 辑　周鸿媛
责 任 编 辑　肖　雷
特 约 编 辑　王　燕
封 面 设 计　天下书装
装 帧 设 计　叶德永　唐　娜
制　　　版　青岛千叶枫创意设计有限公司
印　　　刷　青岛海蓝印刷有限责任公司
出 版 日 期　2024年11月第1版　2024年11月第1次印刷
开　　　本　16开（710毫米 × 1010毫米）
印　　　张　7.75
字　　　数　100千
图　　　数　109幅
书　　　号　ISBN 978-7-5736-2331-7
定　　　价　58.00元

编校印装质量、盗版监督服务电话　4006532017　0532-68068050
建议陈列类别：美食类　生活类

目　录

拂晓早点

好吃又好看的麻花

嘉兴粽子香

Contents

食一颗糕团，品人生喜事

吃一屉小笼包，尝江南柔情

黄昏食堂

没有豆浆的一天是不快活的

平生不食小酥肉，吃遍川菜也枉然

肥肠带来的快乐

鱼丸，中式饮食的巧作

蚝是夜生活的点睛之笔

烧烤里的市井气

拂晓早点

○ 好吃又好看的麻花

○ 嘉兴粽子香

○ 食一颗糕团，品人生喜事

好吃又好看
的麻花

　　麻花，从字面上看，我认为它是麻类植物的纤维扭曲、盘卷形成的自然花纹。

　　"扭曲"不禁让我想起在英语中有同样释义的单词——twist，而温文尔雅的汉语，巧妙地用"花"的意象来描述这种盘卷的形状。相比较而言，英文显得生硬一些。

　　把两三股条状的面拧在一起，用油炸熟，即成麻花。麻花的外观是很美丽的，让人一看就有想吃的欲望。

做麻花用的油和糖

植物油降成本

据沈括的《梦溪笔淡》记载，张骞出使西域归来，带回了一种与苎麻等完全不同的麻类植物。这种植物的种子粗油脂含量高达50%左右，用手指一掐，你都能掐出油来。

在中国古代的多部文献中可见其胡麻、油麻等别称。

此前主要依靠动物肥膘经过高温加热方式获得油脂的人们，猛然发现原来从植物身上能获取较多便宜的油脂。

植物油在常温环境中呈现液态，而且与动物油相比，能让面食的外观色泽更加锃亮、鲜艳，口感更加细腻、醇厚。还有一点非常重要，使用植物油大大降低了油炸小吃的成本。

蔗糖的优势

唐朝时制蔗糖技术的成熟有助于制作麻花的技术进一步成熟。

中国人很早就发现，在面食里加入糖，在油炸的过程中，糖与蛋白会发生变化，加倍产生香甜的风味、鲜艳的颜色。

在中国的甜味调味品中蜂蜜、麦芽糖和果脯长期占据主导地位，它们的甜度不够，兼有杂味。北魏贾思勰的《齐民要术》中就记载了用蜜、水来和面，将和好的面放入油锅中炸成"细环饼"。如果没有蜜，可以用红枣汁来代替。

自战国时代开始，就自甘蔗中取得蔗浆。

甘蔗这种盛产于热带和亚热带的草本植物，因为有多汁的茎秆，所以很早就被人们当作解渴的小食，江南地区甚至还拿它作为烹饪肉类的辅料。在《新唐书》中，记载了李世民下诏搜集南方的甘蔗熬糖，并且派遣使者到外国学习制糖工艺。

和几乎种不出甘蔗的欧洲诸国相比，中国很早就实现了蔗糖的自给自足。本土点心对甜味的要求是既"正"又"雅"，入口要清清爽爽、余韵悠长。与其说甘蔗进入主流饮食谱系，源自唐朝时外国先进技术的传入，倒不如认为，这是秦汉之后，岭南地区被统一后饮食融合的必然结果。

中国还有一种特色鲜明的糖——红糖。

红糖与白砂糖等精制糖不一样，红糖是未经精细处理制成的糖。把甘蔗汁熬成糖浆之后，分离出的晶体就是白砂糖。剩下的带有苦味、黏度很高的糖浆，被称为糖蜜。因为糖蜜的口感不佳，所以在欧美国家主要用于做成饲料和酿酒，比如著名的朗姆酒就是蒸馏后的糖蜜酒。但中国人却不喜欢分离出糖的晶体，相反，传统工艺会将甘蔗进行提汁、澄清、蒸煮、结晶等一系列加工。白砂糖与糖蜜中的各种成分混合在一起，形成暗红色的糖浆，冷却后就是红糖。

含有甘蔗汁中大部分的原生物质，是红糖不如白砂糖甜的原因，而这也让红糖的营养配比更加均衡。同时，长时间的熬煮，还赋予了红糖独特的焦香味。

麻花、馓子等油炸面食

宋代以后，随着人口的大量南迁，小麦栽培技术覆盖到了长江以南的广大区域，中国南方品类丰富的面点由此孕育而生。同时，红糖熬制、植物油冷榨等技术的成熟，客观上为制作更美味的麻花创造了条件。

今天，中国的麻花有很多品种：晋陕地区流行的原味麻花，更多地保留了麻花的本色、本味；京津地区流行的酥馅大麻花，带着"天子脚下皇城根儿"的贵气；湖北流行的小麻花，制作精良，个体细巧，体现了当地饮食的风格；江浙地区流行的红糖麻花，在新炸的麻花上裹上熬化的红糖，既能保持麻花酥脆的口感，又使其香甜美味。

好的红糖麻花制作工艺极其考究，面团里要加入一些藕粉。这种江南地区的特产，能促使麻花在油炸过程中充分焦化，给麻花带来更加浓郁的香味，并能平衡麻花的酥脆和嚼劲。

手工做红糖麻花的方法也很烦琐，融、揉、醒、晾、擀、切、搓、扭、炸、摊……每个步骤都蕴含着手艺人的匠心和智慧，这是机器制作无法取代的。特别是搓和扭，从光绪年间开始，就固定了搓出"两股""四股""六股"面条再扭等做法。股数越多、缠绕的结构越复杂，油脂和红糖的分布就越均匀，成品的口感也就越松脆、细腻，但结构越复杂对手艺人的要求也越高。

这是江南市井小吃才有的细巧风情。

中国流传着一种名为"馓子"的小吃和麻花有相似之处。馓子的制作过程是：用盐水和面，将和好的面搓成细条，将细条下入油锅中炸至金黄焦脆。馓子可以佐茶和配粥，具有不同的风味。

在生活物资匮乏的时代，这种油炸小吃为我们提供了生存所必需的蛋白质、脂肪和碳水化合物。吃了它，人们就能有更多的能量抵御寒冷的气候，有更大的力气捕猎、采集、畜牧和耕种。无论今天的营养学家们如何以高热量、高负担等词定义油炸小吃，也改变不了它对我们过去生活的影响。

嘉兴粽子香

有很多地方，会周期性地进入大众的视野中。

比如元旦前后的吉林查干湖、春茶采摘时节的河南信阳、梅雨季节的浙江仙居、夏秋菌子季的云南楚雄、中秋前后的江苏阳澄湖、国庆期间的新疆哈密……

当然，这里面也包括每年端午时的浙江嘉兴。

大多数人对嘉兴的最初印象是：这是一座富庶、精致的江南小城。但在一众富庶、精致的长三角城市群里，嘉兴并没有更多让人能牢记住它的标签。尤其在它的两位邻居——上海与杭州的夹击下，显得更加娇小。

但到了端午节，粽子爱好者们但凡提及这种香软绵糯的食物，就很容易将它与飘着粽香的嘉兴联系在一起。仿佛这座城市就是因粽而生、因粽而闻名的。

嘉兴的米食

沧海变稻田

公元 231 年，对于吴大帝孙权来说，是个好年景。在一场战役中吴军斩杀了驻扎在长江北岸的部分魏军，稳固了东吴的政权。

与此同时，远在川北的蜀汉丞相诸葛亮那里也传来了好消息——曾经让吴和蜀忌惮的猛将张郃死于剑阁。

相传有一年，由拳县发生"野稻自生"的奇事，在太湖南岸长满了野生的稻子，当地百姓随意采集，就能填饱肚子。吴大帝孙权认为这是祥瑞之兆。天降祥瑞庇佑真命天子，孙权兴奋异常，挥洒御笔，改由拳县为禾兴县，并筑

城，次年还改年号为"嘉禾"。

公元 242 年，孙和被立为太子。为了避太子的名讳，孙权又下令，将"禾兴"改名"嘉兴"。由拳县的更名，反映了吴国"务农重谷"的立国方针，也反映了该县在吴国的地位。

嘉兴，从诞生之日起就与稻米有着深刻的联系。

嘉兴米食花样多

今天，米食在嘉兴的饮食中依然占据重要的地位。除了将米包成粽子外，还有各式各样花样吃米的方法。

锅糍又称镬糍，其实就是我们今天常说的糯米锅巴。将煮熟的糯米碾成糊，在柴灶铁锅上"戗"成一片片薄薄的米片。成品脆韧带绵、焦香扑鼻，储存起来可以当零食。但更多情况下，嘉兴人会取几片糯米锅巴，加入糖，泡入水中制成镶糍糖茶。镶糍糖茶常用来接待客人。如果碰上准女婿上门，镶糍糖茶里还要加入鸡蛋，就成了著名的镶糍糖蛋。在江浙地区，女人生完孩子，还可以在镶糍糖蛋里加入干桂圆的肉，用来滋补身体。总之，镶糍是基础，一切甜美的材料都可以往里面添加。

雪饺不是真正的饺子，而是在外面裹上米粉的一种糕点。先用猪油、面粉加水做成水油面团，做成雪饺的外皮。将精粉加熟猪油和成油酥面，压平后卷成长条，切成块，再加入豆沙、桂花、玫瑰做成馅，包成饺子形。锅中倒入食用油，烧至八九成热，将包好的饺子形生坯放入油锅中炸至呈金黄色时捞出，趁热拌上炒籼米粉和绵白糖配成的白色的"雪"。一份外表松脆、中层软糯、内里香甜的独特米食就做好了。

刺毛团子和刺毛肉圆，则是猪肉和糯米的天作之合。刺毛团子是用猪肉蓉、笋丁、荸荠做馅儿，包一层用糯米粉揉成的米皮，再滚上一层长粒籼米，放入锅中蒸制而成的。蒸熟后最外层的籼米一根根竖起，整个团子像是团身屈体的小刺猬一般。口感则兼具籼米的爽弹和糯米的黏软。别处的小吃很少见到将这两种米组合在一起的，这是对米食十分熟悉的人才能发明出的小吃。

刺毛肉圆其实就是刺毛团子减去糯米皮，直接将肉丸子滚上籼米粒制成的。肉馅肥瘦三七开，蒸熟之后大米吸收了肉的油香。品尝之后，不禁让人感叹：人间滋味，莫过于油脂和碳水。

除此之外，糖糕、芡实糕、桂花圆子、重阳糕等嘉兴的特色风味小吃，都是因为当地人熟知稻米的习性才发明出来的。

精致是嘉兴粽子的品格

钟爱江南地区的隋炀帝继位后，下令开凿沟通镇江和杭州的运河。嘉兴，就在这一段运河的中间点上。

作为后世千年中沟通钱塘江水系和长江水系的重要通道，嘉兴终于有了坐收舟楫之利的资本。同时，江南运河的沟通，还有效地优化了嘉兴当地的耕种条件。虽然东南低地原本就河汉密布、纵横交错，但人工运河规整了灌溉系统。根据记载，唐代嘉兴屯田二十七处，"浙西三屯，嘉禾为大"，嘉兴已经是当时中国东南部重要的产粮区之一。

　　唐宋以后的嘉兴，是仓廪足知荣辱、衣食足知礼节的典范。而嘉兴细致、讲究，注重食材搭配和本味的习气，可能也脱胎于唐宋时代。

　　在中国的粽子谱系中，传统的嘉兴粽子的品类与其他各地的粽子相比不是最多的，用料也不是最复杂的，但嘉兴粽子的制作、选料过程却是最考究的。传统的做法里，荤馅儿要用连肥带瘦的五花腩和后腿肉，瘦肉酥软不柴，肥肉晶莹剔透、入口即化，如果肥瘦分离，或者不见肥肉的踪影，包出的肉粽也算不上是极好的。

　　素馅儿则要用打到极细的红豆泥。将红豆泥拌入猪板油丁和玫瑰糖，把馅儿调得细腻爽滑。这反映了嘉兴人喜吃甜食，又擅长调和的特点。

　　总而言之，嘉兴人把江南地区的精致和婉约，都化入一个个小小的粽子中。

时代浪潮下的革新

嘉兴粽子的创新

历经唐、宋、元、明四个朝代，嘉兴的行政规格一步步升级。尤其到了明朝资本主义萌发时，嘉湖地区的富豪、财阀开始发力，其饮食也日益精致。

衣食足而知荣辱，丰沛、精细的饮食和衣物，支撑了宋朝以后嘉兴文化的繁荣以及越来越重视教育的嘉兴民风，当然也包括饮食的发展。

具体到粽子，嘉兴人开始极富创意地把双咸鸭蛋黄、南乳、霉干菜等当时看来很"新奇"的材料用于粽子中，混搭出丰富的口味。

后来受西学东渐的影响，嘉兴饮食做出了重要改变，在粽子上的表现更引人注目。

　　从品牌历史来讲，嘉兴隔壁的湖州粽子历史更为悠久。但相比湖州枕头形的粽子来说，嘉兴菱角形的粽子受热更均匀且每一口都能咬到馅。更重要的是嘉兴粽子包裹步骤更快，更适宜量产。

　　这是嘉兴人在食品标准化和制作工业化上，做出的重大创新。

　　新中国成立后公私合营的"五芳斋"粽子厂，正是由民国时期嘉兴人冯昌年在嘉兴老城张家弄开设的"真真老老合记老五芳斋"，以及朱庆堂、张锦泉在隔壁开设的其他两家以"五芳斋"为名的粽子店和另一家店合并而来的。

　　之所以嘉兴粽子能成为当时最早实现工业化生产，又保持传统口味不变的粽子之一，就是因为五芳斋大量引入了当时先进的标准化生产设备和创新的管理理念。

嘉兴粽子，一个传统与品质、时代与效率相结合得极为成功的例子。

颇具隐喻色彩的是，几乎与嘉兴粽子代表中国传统饮食，率先迈入工业化时代的同时，生于嘉兴的金庸在他的小说里多次写过粽子。《鹿鼎记》里，韦小宝当小厮，帮客人买粽子，闻着香浓而嘴馋，只能从粽叶里挤出几粒米来吃。后来他娶双儿时咸鱼翻身，终于能舒舒服服地吃上粽子。

　　而在《神雕侠侣》里，程英给杨过做了猪油豆沙甜粽和火腿鲜肉咸粽。杨过一面吃，一面喝彩不迭。吃罢杨过用粽叶粘了情书——"既见君子，云胡不喜"。

食一颗糕团，
品人生喜事

糕团，也许是被中国人赋予喜庆意义最多的小吃。

过年要吃年糕、重阳节要吃重阳糕、七夕要吃巧果、端午要吃打糕、冬至要吃麻糍、清明要吃青团……看似五花八门，其实，它们都是同一种东西——含水量较多的、以淀粉为主料制作的糕点小吃。

中秋节吃的月饼，虽然名为"饼"，但它与酥松硬脆的饼干、馕饼都不同。从本质上看，它也是一种糕团。

如果说传统节日包含了中华民族对自然的景仰和对四季的敬畏，那么糕团就是中国人在传统节日里收获的具有重要意义的礼物。

糕团的历史

黄米做糕

糕团两个字，概括了这种食物的材料和形状。

"糕"字将米和羔两个字组合在一起，前者是形旁，说明这种食物的原料。我们现在觉得稻米是制作糕团的主料。但历史上出现得最早的糕团，未必是用稻米制成的。

"糕"字出现得很晚，东汉《说文解字》里就没有这个字，而南宋王楙（mào）的《野客丛书》里记载着："刘梦得尝作《九日》诗，欲用糕字，思六经中无此字，遂止。"也就是说，"糕"字出现的历史并不久远。

唐时有"蝉鸣蛸蟟唤，黍种糕糜断"之句，显然在当时人们的眼里，"黍"——也就是今天我们所说的黄米——是烹制糕的材料。它可能是最早的"糕"的原料。

与江南地区的稻米不同，产自黄河流域的黄米，在很早以前，人们就拿它酿酒、制糕、煮粥、煮饭。汉字里"黏"左边表意的部分就是"黍"。

而黏，正是糕团最基本的质地。

至今仍在北方流传的黄米年糕，也许就是中国糕团原始的模样。

稻米做糕

以稻米做糕，可能是从两晋南北朝开始的。

稻米与其他谷物不同，这种带着天然香味的谷物，只需要用水稍微煮一下，就能充分膨胀，获得松软的质地和独特的香味。这是需要磨成粉进行深加工的小麦，或者需要长时间烹煮并加入辅料的黄米都不具备的优势。

从性价比来分析，把稻米碾碎深加工，显然是多此一举的行为——稻米原粒直接烹饪就能获得极佳的口感，而大费周章地磨碎、塑形，并不能让稻米的口感提升层次。但从中原地区的面条、馒头、包子、饺子的形态，不难猜测出：汉末至西晋的战乱使中原人民大量南迁，或许先民们在来到小麦和黄米种植较少的南方之后，想念中原地区的饮食，就地取材，以稻米为原料，制作出了稻米版的面条、馒头、饺子、包子，也就是南方流行的米粉、汤圆和糕团等。

隋唐以后，南方肥沃的土地被大量开发，长江流域逐渐晋升为我国最重要的财政来源地和粮仓。南方糕团的地位由此摇身一变，从北方面点的仿制品变成反向影响北方面点发展的不可忽视的力量。白居易有诗云"寒食枣团店，春低杨柳枝"描述的就是长安附近的乡野小店在寒食前后、柳树抽芽的时节出售枣泥馅儿糕团的场景。

这也许是中国历史上最早对"清明团"的文字记载。在蛋黄、肉松、荠菜猪肉、笋丁火腿等"网红清明团"馅料没有流行之前，带有甜味的枣泥以及豆沙，是清明团传承千年的经典馅料。

如今，各色各样的清明团依然流行于湖南、湖北、江西、安徽、浙江、福建等地，成为中国人清明节的重要食物。

一块月饼，是旅人的乡愁

从蒸、煮到烘烤

对于身处农耕文明的人来说，粮食有着重要的生存意义，是节日必不可少的食品。而小麦面粉和糯米制品一起，以其优异的可塑性，被揉捏成各种形状，承包了中国人节日的餐桌：春节的饺子、元宵节的汤圆、清明节的清明团、端午节的粽子、七夕节的巧果、重阳节的花糕……当然，还有中秋节做得像满月的月饼。

早期的月饼，和其他节日食品一样，普遍采用了中国人擅长的蒸、煮的烹饪方法，它并不是现在酥软、焦香的模样——也许，把它当作包子更合适一些。

事实上，中国菜在很多情况下，确实显示出以蒸、煮为本的烹饪理念。

相比明火烘烤，水煮和蒸在许多方面都有优势。它能在漫长的烹饪过程中，析出食物中的蛋白、糖等利于人体的营养，并通过缓慢加热，更好地保持食物的本味。

但随着技术的进步，人类对火焰温度的控制越来越精准，原本厚实的食材，烤制之后"外焦内生"的状态得到了很大的改善。

以烤鸭为代表的中式特色菜肴，从明朝开始成为北京官宦人家的席上珍品。这是很有时代意义的例子。而烹饪现代月饼技术的成熟，也是技术迭代这一大洪流下的必然现象。

而农耕文明高度发展的大环境下，"家天下"的概念也在明清时期最终成熟。宋朝以前，文人、士大夫在中秋节望月、怀远的情致，在民间进一步演绎出了拜月、团圆的习俗。

出于祭祀和食用的双重需求，人们对月饼的外形提出了更高的要求。客观来说，水煮和蒸制，难免会让面团表面产生膨胀、破损。但如果采用烘烤的方式，就能让面团的外表脱水上色，得到更完整、更可控的外形。

以烘烤作为制作月饼的主要方法，据说到了明朝中叶，才被彻底确立下来。

分层起酥的月饼

分层起酥工艺离不开油脂，它在月饼的制作中起到了重要的作用。将它与面粉混合后烘烤，可以得到类似于发酵的效果。成品多孔、疏松、脆得掉屑，有类似于蛋糕、饼干的质地。

月饼分层起酥工艺其实很简单：将一张用纯油和面的油酥皮，一张用水、油和面的水油皮分别摊开之后，叠在一起反复擀压，利用它们油脂含量不同、烘烤后蓬发程度不同的物理特性，得到层层叠叠的酥。

这种分层月饼比起早期的油酥月饼，在口感方面大大提升，一碰就掉屑，一口咬下去满口化渣。分层月饼的缺点也很明显：不易长途运输，且容易变质。所以，这种月饼常常局限于某个地区。在遇上本地特产馅料后，它的名字就变成了苏式月饼、徽式月饼、秦式月饼、京式月饼……

加入碱

但月饼真正成熟的时期，是在碱皮诞生之后。在油皮材料的基础上，进一步加入了糖浆和碱。糖浆可以为饼皮上色，让烘烤后的成品带上漂亮的棕红色泽，并延长它的保质期。碱能让面粉里的蛋白质变性，使月饼在获得松软口感的同时，增强筋力，使饼皮更薄、承载的馅料更多，也更容易运输。

从本质上来说，这与以前往兰州牛肉面团里加蓬灰、潮汕酥面团里加面碱是同一种食材处理逻辑。但将碱用于月饼的酥皮，是划时代的创举。《帝京岁时纪胜　燕京岁时记》里饶有趣味地记载："至供月月饼到处皆有，大者尺余，上绘月宫蟾蜍之形。有祭毕而食者，有留至除夕而食者，谓之团圆饼。"

显然，只有依赖碱皮，才能制作"尺余"大的月饼，脱模后能保持饼皮不碎不裂。可见当时，碱皮已经流行开来。

今天，碱皮月饼还有一个更广为人知的名字——广式月饼。其实"广式"并不是只有广州才有，各地经由标准化工艺生产的月饼，大多都依据碱皮来做，都称得上广式月饼。

虽然关于各种月饼滋味的争议从没停止过，但从某种意义上来说，今天的广式月饼，已经是中国月饼的代表。

吃一屉小笼包，
尝江南柔情

　　你知道吗？海南"没有"海南鸡饭，这是新加坡的代表菜，只是用了海南文昌鸡，于是叫了海南鸡饭。重庆"没有"重庆鸡公煲，只是因为这是一个叫张重庆的人制作出来的，于是叫了重庆鸡公煲。另外，兰州"没有"兰州拉面，杭州"没有"杭州小笼包。以上四个，是美食圈著名的"地图梗"。

　　但杭州真的"没有"小笼包吗？

我叫"小笼馒头"，不叫小笼包

　　"小笼"，顾名思义，指用小蒸笼蒸制而成的面点。一般说来，一"笼"小笼包的分量，要控制在能满足单人的胃口以内才符合标准。比如一笼一个包子的扬州灌汤小笼包、一笼四个包子的无锡小笼包、一笼八个包子的上海南翔小笼包、一笼十个包子的绍兴嵊州小笼包，虽然个头大小有别，但因为装在同样的小笼里，都被视作广义上的"小笼包"。

　　相反，大蒸笼里蒸出来的小包子，个头再小，也不能称为"小笼包"。在杭州，这种大笼蒸的小包子有另一个名称叫"喉口馒头"——因其小巧玲珑，刚好一口一个而得名。

　　更重要的一点是，"小笼"的后缀必须是馒头，而不是"包子"。

　　在以苏锡常、杭嘉湖和上海为核心的太湖平原，以前当地人说的吴语方言里，没有"包子"这个词。有馅儿的、没馅儿的统称为馒头——肉馒头、菜馒头、生煎馒头、小笼馒头……

　　事实上，馄饨、馒头都是古汉语词汇。馄饨形容的面食，是用薄面片包馅儿做成的，通常是煮熟后带汤吃；馒头是面粉发酵后蒸成的食品。

长三角土著一般不会把"小笼包"三个字连在一起念，而是将它念作"小笼馒头"。从这个意义上讲，北方随处可见的"杭州小笼包"，可能都是"山寨货"。

吴派小笼包 VS 越派小笼包

吴派小笼包

另一方面来看，北方之所以流行杭州小笼包，而不是无锡、苏州、上海、绍兴小笼包，也是有独特的文化机缘的。

"吴越"一般指春秋吴国、越国故地，今江浙一带。但吴文化和越文化却呈现出截然不同的风貌。

以钱塘江为大致分界线，北边以苏州为核心的吴地，是一望无际的平原。这里崇尚婉约精致的士绅文化。评弹、昆曲，使用的都是温柔得能掐出水来的吴侬软语。饮食也崇尚清淡、清甜的风味。清蒸鱼、炒甜豆、盐水虾，是苏州馆子里点单率极高的菜肴。

具体到小笼包，吴文化区的苏州、无锡、上海，大多以不发酵的死面做皮。这是为了能把面皮擀得更薄，让馅儿呈现若隐若现的半透明状态，且死面面皮能捏出更多的褶子，体现精工细作的饮食态度。

吴派小笼包的馅儿，用纯猪肉剁制，大多严格遵循三肥七瘦的原则，并加入不同分量的糖、生抽调味。比如无锡小笼包，因为加糖多，常常把外地人甜到"怀疑人生"。此外，过去的老字号店铺，还要加入一道"打水"程序，把肉汤搅进肉馅里。这样做出来的小笼包带着一汪汤汁。但"打水"程序费

工费力，增加了做小笼包的难度，还会缩短肉馅的保质期，所以今天的厨师往往将肉皮冻和肉馅混合在一起，也能把肉汁四溢的效果做到七八分。

如今在全世界都有巨大影响力的小笼包品牌是"鼎泰丰"。虽然它的创始人杨秉彝是山西人，但他从大陆赴台湾闯荡，一直在上海老板的产业里打工，开始经营鼎泰丰时，也受到了上海朋友的指点。所以今天鼎泰丰小笼包追求十八个褶子的态度，正是吴派小笼包血脉相承的传统。但为了适应工业化标准批量出品，鼎泰丰小笼弃用"打水"程序，把馅子里的皮冻和肉糜比例标准化、数据化，因此被很多江浙老饕抨击失去本味。

越派小笼包

钱塘江以南，则多是起伏的江南丘陵，地缘格局破碎，商业形态多元。流行于此的越剧、莲花落，都是充满江湖烟火气的艺术作品。而饮食方面，则多是口味较浓的霉干菜、腐乳、南腌肉、酱鸭子。

这里的小笼包也秉承了这种市井江湖气，大多以发酵后的发面为皮，不讲究褶子也不追求半透明的视觉效果。小笼包个头虽小，但暄腾饱满，蒸完后还有油从面皮收口处溢出，油汪汪的，惹人垂涎。

虽然如今很多高级餐厅为了视觉效果好，也会使用死面皮，但路边小店大多还是用的发面皮。

越派小笼包的馅料选择也呈现多元化的特点。除了猪肉之外，还会丰俭由人地选择香菇、笋丁、荸荠、海米、青菜，用多种食材制作出味道多样的馅料，绝不会出现甜到腻人的滋味。但越地经济长期落后于吴地，富庶程度不可同日而语。特别是绍兴嵊州为代表的山区，过去条件较差，因而衍生出了豆腐小笼包——以便宜的豆腐混合少许肉末，作为小笼包内馅。利用豆腐吸味的特性，只耗费一点点的猪肉，便能做出更多的小笼包。

杭州小笼包：兼容并"包"的存在

夹在吴越两种文化边界线上的杭州，是一个很独特的存在。

杭州人的餐桌是割裂的，一桌子菜一半是标榜清淡雅致的吴菜、一半又离不开口味浓重的越菜。清淡的鱼头豆腐汤和重口味的"蒸双臭"齐飞，在杭州人看来再正常不过。

对小笼包这样的区域性小吃，杭州可以展现出极大的包容性。无论是精工细作的吴派小笼包，还是充满烟火气的越派小笼包，都能在这里找到容身之地。

同时，自带"网红"属性的杭州，还是一座新兴的移民城市。在这里，江南的"小笼馒头"被北方人称为"小笼包"，才会得到尊重和理解。

遍布全国的"杭州小笼包"，看起来是小吃店老板们不约而同的发明，但骨子里，体现的是各地小笼包爱好者对杭州这座城市最大的肯定。

黄昏食堂

HUANGHUN
SHITANG

○ 没有豆浆的一天是不快活的

○ 平生不食小酥肉，吃遍川菜也枉然

○ 只要还有小龙虾，世界就不会太坏

没有豆浆的一天
是不快活的

　　日本电影导演、编剧黑泽明是个"吃货"，据说他剧组的伙食特别好。美食家蔡澜说黑泽明一辈子爱吃消夜，理由是黑泽明曾说过一句话："白天的饮食补益身体，夜晚的饮食补益灵魂。"身为潮汕后人的蔡澜对他的观点表示赞同！

　　潮汕的深夜食堂里有豆浆，这是你没有想到的吧——在其他的城市，豆浆应该是早餐的标配。

当豆浆成为消夜

　　有种说法是，潮汕地区吃"夜豆浆"的习惯源于揭阳。揭阳在潮州和汕头的西面，相比潮州和汕头，揭阳的存在感要弱一些。但如今，进出潮汕地区的空港经济区就建在揭阳，使揭阳成为潮汕地区对外的"新"大门。这样看来，起码，夜豆浆是由揭阳传出去的应该是正确的。

　　在人们的普遍印象里，甜、咸豆浆与油条基本是固定搭档了，但江浙地区喜欢在豆浆里加入酱油和虾皮，这种吃法已经让很多人感到诧异，可是这在潮汕人看来还不够刺激，他们不搞点花式加料怎么对得起潮汕地区"美食孤岛"的名号呢？

　　潮汕地区的夜豆浆店里，常备有铺满整个台面的加料。西米、山药、银耳、鹌鹑蛋、燕麦、薏米、芋圆、白果、银耳、红豆、腐皮……总之，在这儿只有你想不到的材料，没有潮汕人不敢加的材料。店里的制作台上一溜小锅排列整齐，顾客点完单后，师傅将材料放入小锅中现煮。煮成的豆浆静置一会儿便会结出一层厚厚的豆皮。在讲究饮食的潮汕地区，师傅们不会糊弄任何一道工序。平日里喝惯稀豆浆的游客，如果喝到这一碗浓郁的夜豆浆，想必感慨颇多。

夜豆浆除了可以搭配油条、包子这些老朋友，还可以搭配许多新朋友，比如香菇白菜饺子、萝卜饺子、虾饺、虾烙、普宁脆豆腐、马蹄卷等潮汕小吃。

夜豆浆在潮汕地区特别受年轻人，尤其是年轻姑娘们的欢迎。高峰时期，夜豆浆店门口的小凳子上都坐满了人，都在排队等位。大抵消夜来喝一碗夜豆浆，是新时代年轻人的养生大法。

豆浆的滋味，甜咸自怡

咸豆浆之于江浙地区，就如同胡辣汤在河南、豆汁儿在北京，都是本地人甘之如饴，外地人可能无法体会的味道。

在我关于小时候的记忆里，咸豆浆是上海早点摊的标配。人们通常要排队买"筹码"，再用"筹码"去买豆浆。买豆浆时，摊主会问你："是要甜豆浆，还是咸豆浆？"大部分上海本地人是非咸豆浆不能下咽的，而甜豆浆一般是用来照顾外地人和嗜甜的小朋友的。

所谓咸，并不能简单地理解为放盐，而是通过丰富的辅料来呈现这个味道。碗中要事先放好小虾皮、紫菜片、榨菜末和小葱花。虾皮最好是舟山产的淡干虾皮，可以白口当零食吃而不觉得咸的；紫菜要江苏产的，专门用在小馄饨汤里吊鲜味的那种；榨菜要宁波余姚产的，那里的榨菜咸鲜微甜，没有辣味；小葱花则必须用羊角葱，口感细嫩、脆爽。

　　将辅料码放在碗中，临吃时，师傅会舀入一勺滚烫的豆浆，再加入咸豆浆的灵魂——酱油。注意这里说的酱油不是广东人烧菜时使用的生抽、老抽，而是上海人做红烧大排、油爆虾、油焖笋时使用的酱油。当淋上酱油后，豆浆会如被卤水点过一样，呈现絮状。初次见到这种咸豆浆的外地人常常会觉

得它很不好看，但本地人知道咸豆浆虽然看上去奇怪，但只要你喝上一口，便会被它征服。

　　毋庸置疑，油条是咸豆浆的最佳搭档。不管是把油条剪成小段，泡在豆浆里吃，还是一口油条一口豆浆地"过"着吃，味道都好极了。我喜欢的吃法是弄一小碟酱油，配上一根嚼劲很大的老油条，一边喝咸豆浆，一边用油条蘸着酱油吃，蘸一口，咬一口。老油条的焦脆与咸豆浆的绵密互相成就，这种感觉就好像没有法式香煎小羊排相伴，就不能真正体会波尔多红酒柔顺细腻、清爽解油的妙处一样。

　　美食家唐鲁孙曾这样描述北平（北京的曾用名）的咸豆浆：加辣油，外带冬菜、虾米皮，最后还加上点儿肉松，应该是来自南方的口味。北方人在咸豆浆里加了辣油。冬菜是天津产的，是一种用大白菜、花椒、蒜泥腌制而成的酱菜，可能是旧时北方找不到好榨菜，而选择的替代品。豆浆里再点缀上肉松就更加豪华了。早些年，这可是天子脚下皇城根才有的配置。

如今，这种咸豆浆在北京已然找寻不到，它早已被遍地开花的甜豆浆取代。你想象一下加了辣油的咸豆浆，可能也并非那么美味。只是在那个交通不便的时代，它能给江浙籍"北漂"们带来一丝慰藉，是为了慰藉他们的思乡之胃而弄出来的替代品。

豆浆在日本被称作"豆乳"，豆乳大多不用糖、盐调味，追寻平淡本味。一位在日本留学的朋友曾写信告诉我，说她每天早上都要喝豆乳，豆乳的味道特别香浓。她还向我表达了回国之后就喝不到豆乳的遗憾之情。我听后一点儿都不羡慕她——在异国他乡喝着豆乳，哪有我坐在上海石库门老街的早餐铺里，看着熙熙攘攘的人群，喝一碗泡了油条的咸豆浆，外加一块粢饭糕来得爽气？

作家冯唐曾表达过自己想生个女儿的愿望。他想象的女儿模样："头发顺长，肉薄心窄，眼神忧郁。用牛奶、豆浆、米汤和可口可乐浇灌，一二十年后长成祸水。"我想，如果是甜豆浆浇灌出来的女孩，长大以后一定如北京大妞儿一样，性格耿直；如果是咸豆浆浇灌出来的女孩，长大以后一定如上海小女人一样，性格温婉。

平生不食小酥肉，
吃遍川菜也枉然

　　酥一开始指酥油，与酉、禾有关。它是以动物乳汁提炼出来的油，后来形容一种口感。发酵浓缩后的牛羊乳是酥酪，发酵烘焙后的小麦制品是酥点。而随着经济和社会的发展，富庶的地方逐渐不满足仅限于用乳制品和粮食制品做出的酥的口感。酥肉，应运而生。

　　酥肉一般存在于历史久远，文化、经济曾经高度发达的地区。川味小酥肉，诞生在富庶的四川。无论是蘸干碟、涮火锅、搭配米饭吃，总能爆发出令人惊叹的味道。

猪肉曾经很贵重

传说酥肉和商纣王有关。当时的百姓不满商纣王的暴政，纷纷炸"苏妲己的肉"来吃，后来成了"酥肉"。这种渲染阶级对立的美食故事，与油炸秦桧的"油炸桧"类似，虽然被百姓喜闻乐见，但可信度确实不高。

然而有一点是可以肯定的：酥肉最早是由贵族享用的，最终在市井中开花结果。原因很简单：在农耕文明发展的初期，猪肉是价格较高的食材。

与牛羊不同，在驯化之初，猪就不具备耕田和放牧的价值。换言之，只有能养活一家人，并有余力的阶层，才有可能养猪、吃猪肉。

传说周文王姬昌是在猪圈里出生的，晋国范宣子家族始祖在商朝时被封

为豕韦氏，汉武帝的乳名是彘……打在贵族们身份里的关于猪的烙印，并非贬义，相反，这是他们身份和地位的标识。

甚至连汉字"家"，都暗含了"屋里有猪肉"的美好期许。

成都周围的平原地区是中国农耕区中富庶的、有条件大量豢养猪的地区之一。

回锅肉、东坡肘子、夫妻肺片、甜咸烧白、川味红烧肉……川菜里无数道与猪有关的料理，都因地理的优势而生。而川菜厨师精于选用猪的不同部位做菜，则与大量产出的原料呈现高度的关联性。

由王谢堂前到寻常人家

相比蒸煮，这种炸制使肉的损耗很大。显然，在畜禽不易得的时代，用动物油炸肉只能是贵族才能常常享受的食品。

张骞出使西域归来，带回了芝麻，于是有了更多的便宜的植物油。相比动物油，植物油脂不易凝固，能让炸肉的外观更加金黄、香味更加细腻。更重要的是，植物油大大降低了油炸的成本，让旧日王谢堂前的炸肉，变成了寻常百姓家中的小酥肉。

小酥肉在千百年前"飞入寻常百姓家"之后，也被百姓们玩出了许多花样。其中挂糊油炸，值得一提。

挂糊不用加水，只需要蛋液和面粉。在热力催逼之下，面浆里的淀粉会与蛋液里的氨基酸发生反应，产生香味物质，做出的成品口感焦香、脆口，与内里软嫩的猪肉搭配形成复杂的、多重的层次感。

此外，油脂还能析出鸡蛋黄中的固醇类香味物质，尤其是植物油，能与鸡蛋、猪肉带来的动物脂香完美契合。每一步，都恰到好处。

小酥肉在蜀地完成蜕变

　　中文里把肉类的异味分得很细，例如膻、腥等。这些味道来自肉类本身，很难通过加热的方法去除。恰好，位于喜马拉雅东麓，中国地理第二阶梯边缘的四川、贵州、云南省，出产一种气味刺激、能有效去除腥膻的香料——花椒。它的存在，让许多高级菜肴的烹饪有了可能性。

　　严格来说，花椒味并不是香味，而是一种刺激性的"辛"，但它依然受到了中国人的追捧。古时候用"椒浆"来描述美酒。

　　在深受中庸文化影响的中国传统社会，气味过于张扬的香料能如此受人们追捧，是很罕见的。这也凸显了花椒在古代烹饪中的突出作用。

从某种程度上说，川菜重调味的传统，也来自原产于此的花椒、食茱萸等香料。遍览川菜典籍，不管是《蜀都赋》里描述的甘甜之和，还是《调鼎记》里描述的加入花椒面、葱花、香荪，吃之甚美的食物，又或者是今天川菜典籍里描述的一菜一格、百菜百味，都有花椒的存在感。

而川味小酥肉，自然也少不了花椒的参与。少量的花椒，在油炸的过程中，析出大量脂溶性物质，提供辛香，去除肉腥味。尤其是农家小酥肉所采用的，产自四川汉源的花椒，果粒均匀、油囊饱满，经过干制后，除了有原本的果香之外，还多了厚重的木质香气，让小酥肉更美味。

事实上，酥肉存在于很多历史久远，文化、经济曾经高度发达的地区。在山西运城，人们把用紫苏调味的肉先炸酥，再放入垫有木耳的蒸笼里蒸，蒸制而成的就是晋南好菜蒸碗酥肉。在江西南昌，人们在肥肉上撒上一层淀粉，炸酥后再加入酱油烩，做出来的是赣菜代表红酥肉。在山东聊城，酥肉则是重要的汤料，将炸好的酥肉在鸡汤中炖入味，加入醋、

香菜。这是鲁菜宴席中必不可少的一道开胃菜。但它们与川式小酥肉相比，缺少了猪肉精细分切带来的紧致口感，植物油与蛋液裹浆的精细配比带给酥肉的酥松、脆嫩的外壳，以及作为灵魂的花椒提供给酥肉的麻与爽。

今天，四川的很多企业都致力于把川式小酥肉的口味标准化、系统化，让猪肉、植物油和花椒调配得更平衡、更科学、更适口。

食小酥肉无定法

厨艺精湛的川地名厨们，探索出了小酥肉在餐桌上的更多可能性。清淡鲜美的酥肉汤，与开水白菜、肝膏汤和芙蓉鸡豆花这些"高级"川菜，有颇多异曲同工之妙。

川式小酥肉还常常出现在火锅里，并没有固定的吃法。可以直接把小酥肉放进火锅里涮着吃，油炸过的、疏松多孔的酥肉表皮会吸满鲜美的汤汁，滋味浓郁。

打一碟由花生碎、花椒粉和辣椒粉组成的干碟，拿小酥肉蘸着吃，这是就冰啤酒的好菜。盛小半碗白米饭，舀一勺火锅底汤，将小酥肉泡饭吃，半脆半软、层次丰富。

1962年冬天，寓居巴黎友人家中的张大千，在吃腻了奶酪、面包之后，忽然想起了家乡四川的美食。逸兴横飞的画家用漂亮的行草写下了十七道他最爱吃的家乡菜，其中包括了回锅肉、宫保鸡丁、腐皮腰花、金钩白菜，以及酥肉……著名的《大千居士学厨》由此出炉。若干年后，它以千万的成交价在拍卖市场上成交，成为历史上最昂贵的菜谱之一。

肥肠带来的快乐

一般来说，不喜欢吃肥肠的，多数是地多人少、有游牧传统的地区，或者是从采集、渔猎时代直接跨入工业时代的地区。因为肥肠清洗、加工起来十分麻烦，大批量处理时，只要稍有疏忽，就会留下让人不悦的味道。这是一种极耗费劳动力，极难标准化的食材。

但在有农业传统的地区，人们的命运与土地牢固地联系在一起，所有基于土地的产出，都要物尽其用。一头猪从出生到养成不易，宰杀后首先要考虑的，就是它身上每个部位的最优使用方案。

几乎所有关于肥肠的精致烹饪，都来自农耕文化悠久的国家和地区。

但没有任何一个地方，能像中国这样，为肥肠配上无与伦比的滋味和深远内敛的外观。

当肥肠与糯米相遇

张骞出使西域，带回了香菜、胡萝卜、大蒜等香辛料，丰富了中国人的餐桌底蕴，也彻底解决了烹饪肥肠的最后一道门槛——腥臭、怪味。

北魏的《齐民要术》，记载了一种"灌肠"。取羊盘肠洗净待用。将羊肉细细地剁碎，剁成肉馅。在肉馅里加入去腥解腻的葱白、盐、豉汁、姜、椒末等调料调和均匀，使其咸淡适口，塞进肠里，烤熟后切成片吃。想来，当时也会有相似的猪肥肠的做法。

对肥肠吃法的记载，展现了人们烹饪方式的进步，也展示了汉代开疆拓土、丰富内陆物产后的长尾红利。

今天的潮州菜"猪肠胀糯米"，就是这种灌肠的延续。潮汕方言里的"胀"字，意思是灌入、填满。将糯米灌进肥肠中，煮熟后蒸或切成片煎着吃。流淌着肥油的肥肠和泡开的糯米经过众多烦琐的步骤，最终在酱油、甜酱或鱼露的见证下交融在一起。肥肠和糯米，走到哪里都是天作之合。

打个不太恰当的比方，这种排布，就像一个五层豪华汉堡，一口咬下去，脂香与肉香交替刺激味蕾，这是其他食物都无法替代的精彩口感。

到了唐朝，随着边疆的进一步开拓，更多的东西被引入中原地区，越来越多的食材成为肥肠的搭档。肥肠吃法的多样性出现质的飞跃。

陕西"葫芦头"的美味

今天，在陕西西安的街市里，还流行着一种名为"葫芦头"的小吃：先把馍掰成小块，把煮熟、煎香的肥肠码在碎馍上，再搭配猪肚、鸡肉、海参、鱿鱼等，用煮沸的骨头原汤泡三到四次，加入熟猪油和青菜，搭配糖蒜、辣酱，吃起来鲜香滑嫩、肥而不腻。对于西安本地人来说，这是比羊肉泡馍更叫好、叫座的美食。

"葫芦头"可能源起于唐朝长安街头的"煎白肠"，而作为主食，提供碳水的馍，原型可能是从西域传入的"胡饼"。这一碗"葫芦头"里，淀粉、脂肪和蛋白质达到了平衡。

宋朝以后，文人从医的风尚，让肥肠的食用地位进一步提高。根据"形补"的理念，肥肠被广泛运用到各种治疗肛肠类疾病的药膳中。包括《圣济总录》

《鲁府禁方》《丹溪治法心要》《本草蒙筌》在内的各种医疗典籍中，都记载了大量关于肥肠的药方。

肥肠的火辣性格

杭州文人高濂在他的养生著作《遵生八笺》中，记载了一种来自西洋的盆栽：番椒丛生，白花，果俨似秃笔头，味辣色红，甚可观。

这种被称为"番椒"的观赏植物就是我们日常生活中使用的辣椒，当时的人们肯定没有想到，它能在后来的烹饪里，把肥肠的滋味提升到一个新的高度。

今天四川仍流行着一道与肥肠有关的名菜——红油肥肠。处理干净的肥

肠被泡在火红的辣椒油里，加入花椒、八角、香叶等香辛料，彻底掩盖了肥肠的异味，留下的只有让人满口生津的油香。

当地人的早餐经常用肥肠配米饭。人们先是几筷子夹完肥肠，再把剩下的"肥肠汤汤"倒进饭里拌着吃，吃起来满足感爆棚。如果在肥肠里下一筷子米粉，那就变成了好吃又好看的肥肠粉。

相比市井气十足的川式肥肠料理，诞生于清朝中叶的鲁菜——九转大肠，则是肥肠的代表菜品之一。将切成小块的肥肠，用油炸的方式逼出油脂，这是中餐惯用的"走油"手法。随后用辣椒、酱油、葱油、黄酒、高汤调成的卤汁把肥肠煨软。经过长时间烹煮，肥肠除了有脂香和嚼劲之外，还有鲜味。

鲁菜是中国四大菜系的重要派系之一，而九转大肠则是鲁菜咸鲜口味菜的扛鼎之作。某种程度上来说，九转大肠不逊于北京烤鸭、清炖狮子头、白切鸡，是中国菜的门面。

　　除此之外，包括长三角的红烧大肠、珠三角的卤水大肠、东北的熘肥肠、湖南的干锅肥肠、安徽的肥肠煲在内，几乎所有当今流行的中华肥肠料理，都少不了辣椒的参与。

　　这种味道刺激的香辛料，能有效凸显脂肪的香浓，遮蔽肥肠的异味。在肥肠厚重滋味的基础上，辣椒给它增加异香，让人印象深刻。

　　在辣椒的原产地墨西哥，人们一般把辣椒磨成糊状，加入洋葱、番茄等，做成莎莎酱。他们肯定想不到，在万里之外的中国，小小的一个辣椒，最终成就了肥肠的传奇。

　　年少时谈情说爱，绝口不提我爱吃肥肠。仿佛这一秘密被窥去，纯美的爱情会因此而去，但到了有妻有子的年纪，我总要拉着一家人去共享美味的肥肠。

鱼丸，中式
饮食的巧作

鱼丸的江湖气和文气

南方人在喜欢的美食方面差别是挺大的，但对鱼丸的喜爱却无比统一。这种用鱼肉打成细细的蓉，再搓挤成丸子的食物，遍布长江以南的地区。而且众说纷纭，各地都对鱼丸有着不同的诠释。

湖北省和浙江省应该是鱼丸的两大源流地，据说和楚怀王、秦始皇有关。大抵情节无非是身在高位者吃鱼的时候不会去除鱼骨，厨师们打鱼肉制丸奉上，于是深得上意，遂成名肴。武汉人把鱼丸称为"鱼氽"，当地汤逊湖畔有鱼氽一条街，沿路摆满了热腾腾的鱼氽盆子，外地人到此无不感叹。有的鱼氽里掺了猪肉、猪油，充满浓酽的江湖气，将码头文化诠释得淋漓尽致。

杭州人则把鱼丸称为"鱼圆"。杭州的鱼圆是充满文人情怀的小吃。肉要用细腻的鲢鱼肉，不能加入蛋清、芡粉。一个个松散细嫩的大丸子，漂在煮鱼圆的清汤里，要小心"伺候"，用火腿片、香菇、嫩豌豆苗搭配，做出的成品就是"清汤鱼圆"。据传说董小宛也擅长制作鱼圆，她在鱼蓉中放入蟹粉，做出的成品"色如琥珀"。

梁实秋的母亲是杭州人，他所描述的"嫩如豆腐"的鱼丸，也正是这种鱼圆。

多样的鱼丸

　　杭州再往南，鱼丸又不一样。温州鱼丸其实不是丸，是条状的，当地人把鮸鱼蓉和番薯粉混合在一起，反复揉捏，直到揉出胶质，再挤成条状烫熟。这种鱼条弹性十足，淀粉为鱼肉增加了半透明的颜色和较韧的口感。当地地道的吃法是在烫熟鱼条的原汤中放入香醋、葱花和胡椒粉与鱼条一起吃。

　　和潮汕牛肉丸一脉相承，潮汕鱼蛋也以弹牙著称。制作方法和温州鱼条类似，用铁棍将鱼肉打成浆至起胶。一般要在鱼肉胶中加入淀粉，制成一个个方块，放入油锅中炸熟。也有人用打好的九棍鱼肉、鳗鱼肉等，混合起来挤成大丸子，煮熟即为"手唧白鱼蛋"。

和江南文人端着架子吃鱼圆不同，潮汕人赋予鱼蛋无与伦比的市井气。在潮州面档或者粤式茶餐厅中，鱼蛋跟粉面一起放在热汤中吃，称为鱼蛋面、鱼蛋粉。懂行的食客必须来个炸鱼蛋和白鱼蛋双拼。炸鱼蛋弹脆，白鱼蛋爽滑，再加上粤式粉面的韧和原汤的鲜美，既"杀馋"又垫饥。这种吃法最终在香港被发扬光大，更有甚者有人喜欢拿它打边炉。虽是平价食物，却是很多人心目中的"白月光"美食。我有幸在九龙城一家周润发经常光顾的鱼蛋粉铺品尝过一碗，炸鱼蛋和白鱼蛋双拼确实滋味很足。

但鱼氽、鱼圆、鱼条也好，鱼蛋也罢，在我心中都不算真正的"鱼丸"，唯有福州鱼丸才算是我心中认证过的名实相符的"鱼丸"。

你听过一首名叫《鱼丸》的歌吗？

2005 年，陈升写过一首名叫《鱼丸》的歌，歌词旋律松弛、轻快。"明天天气会晴朗，巷子里有炊烟上。年轻的他急着要出航，别忘了两人的约定，你是我生命中的灯塔。"我觉得"你"意指的应该是发源于福州，传承至台湾的福州鱼丸。

福州鱼丸最大的特色是有馅儿。潮汕式的鱼丸皮里，包裹了流淌着汁水的猪肉、虾仁，想想都美。这与福州肉燕"以肉包肉"的方法如出一辙。台湾人的想象力更丰富，还发明出了各种鱼丸馅儿，比如飞鱼子的馅儿、酸笋的馅儿……我在台北曾经吃过一味"三鲜鱼丸"，馅儿是发菜、马蹄，一口咬下去嘎嘎脆，裹着马蹄的甘甜，让人忍不住落下泪来。秋意一天天浓了，鱼肉也一天天肥美起来，距离做大大的鱼丸的日子不远了。等做成鱼丸，我就可慰莼鲈之思了。

蚝是夜生活的
点睛之笔

不是所有的蚝都叫生蚝

牡蛎又称生蚝、海蛎子、牡蛤、蛎蛤、蚵仔，隶属软体动物门。在双壳纲、牡蛎目、牡蛎科下的物种，统称为牡蛎。

这些软体动物制熟后大多能吃，但能生吃的却只有二十几种。在"生蚝"这个称呼的原产地珠三角地区，能生吃的才配叫"生蚝"，烤熟、煮熟的只能称为"蚝"，而晒干的则称为"蚝豉"。

温暖的水体环境下，微生物和海藻丰富，生蚝通常会变成雌性，集中进食和繁殖。水温降低后，生蚝的生长速度放缓，又会变成雄性。

这种性别更改不仅意味着生蚝器官的改变，更代表着其肉质的变化——其实和人类的第二性征一样，雌性生蚝肉质软嫩，雄性肉质则爽脆有嚼头。

海峡两岸的蚵仔煎

用油炸到金黄色的蒜蓉是"金蒜"，新鲜的蒜蓉是"银蒜"，二者混合在一起的是"金银蒜"。将金银蒜满满地抹在蚝肉上，在炭盆上烤到油花四溢，这是很典型的南方街头夜市的做法。

生蚝去壳，加韭菜、甜酱、花生油、老抽，在砂锅里焖到老道，是为"蚝煲"。这是湛江的特殊的做法。

生蚝先氽水取肉，再加入葱、姜爆炒，最后淋入蚝油点睛。这是香港馆子里的特殊的做法。

整个生蚝丢到粥里煮，让粥水尽情包裹住蚝里的原汁原味的物质，或者直接用清汤煮制，用紫菜、葱段、白胡椒来配。这是广州的老式做法。

潮汕人最有意思，他们将韭菜切成指节长短，和小蚝肉混在一起，加入番薯粉浆作为黏合剂，放入油锅中煎至呈金黄色。这种食物写作"蚝烙"，潮汕话读作"ǒuluǎ"，"蚝"与闽南语里"蚵"的读音"ǒu"一致，可见两者的渊源。

在福州方言里，海里极小的鱼都被称为"蚵"，但"蚵仔煎"一定要特指用小生蚝煎出来的食物。相比于大个的同类，小生蚝也就是蚵仔，算是不论社会阶层，人人都能享受的食物，也是标准的消夜"扛把子"。

在福州最受欢迎的是个头最小的"丁香蚵"，个头大的反倒被视作不懂行者才喜欢吃的东西。当地俗语"丁香蚵越大越不值钱"，用来打趣小孩子越大越不可爱。

除了福州之外，在泉州、厦门的大街上，乃至鼓浪屿的小巷子里，都常常能闻到蚵仔煎的香味。有的人喜欢搭配菠菜不用韭菜，有的人喜欢多放鸡蛋少放粉浆，做法稍有差别，但滋味是一样鲜美。

但论及蚵仔本身的味道，我觉得台湾的却比福建、广东沿海地区的更胜一筹。原因可能是台湾岛远离大陆，没有大江大河的入海口，其周边海域的盐度略高于大陆沿海。

台南市安平区、嘉义县东石乡和屏东县东港镇都有大型的蚵仔养殖地，罗大佑歌里的那个"鹿港小镇"，也是著名的蚵仔产地。要做出好吃的蚵仔煎，首要的条件便是采用新鲜的蚵仔，在产地现剥现卖。因为不必长途运送而浸水，所以蚵仔肥美紧致、鲜美无比，做出来的蚵仔煎当然肥美多汁。

但我在台北还吃过一种蚵仔干做的蚵仔煎。这种蚵仔干标准的称呼是"蚝豉"，其实是制作蚝油的副产品——用水煮熟了的蚵。煮蚵水浓缩后就是蚝油，煮熟的蚵肉摊在竹匾上晒干就是蚵仔干。蚵仔干便于运输，可以直接吃，吃起来像是带有鱼片味道的牛肉干。

用蚝豉制作的蚵仔煎，虽然鲜香略逊，但好在有嚼劲，与其他材料搭配得相得益彰，应该说是各有所长吧。

蚵仔煎的酱汁也很重要，因为蚵仔、粉浆、蔬菜、鸡蛋这些食材本质上的口感都是淡的，所以尤其需要浓酽的酱汁来凸显味道。经典的酱汁是用甜辣酱、番茄酱、白芝麻搭配做出来的。也有人用酱油膏、浙醋、蜂蜜调制。各有各的滋味。总而言之，蚵仔煎的酱汁要酸、甜、咸俱全才好。

但我认为，搭配蚵仔煎最好的酱汁应该是潮汕的金橘油。虽然有个"油"字，但它并不是油类食品，吃起来完全没有油腻感。它是用橘汁和白糖制作而成的，吃起来清甜并伴有清醇的橘香味。

潮汕人经常用金橘油作为白灼海鲜、油炸菜式的蘸料。蔡澜说，富二代们还用金橘油来蘸猪肠灌糯米。其实那种清爽、酸甜、微苦的滋味和饱含油脂与蛋白质的蚵仔煎的香气搭配在一起是很诱人的。

烧烤里的
市井气

在中国人的食谱中，烧烤非常特殊。代表中餐审美的川、鲁、粤、淮扬等菜系里，几乎找不到烧烤的影子。

川菜里的开水白菜、麻婆豆腐，鲁菜里的葱烧海参、九转大肠，粤菜里的白切鸡、豉汁排骨，淮扬菜里的狮子头、大煮干丝，它们的共同点是以蒸、炖等作为主要烹饪方式，炒次之，煎、炸再次。而烧烤，则不在代表菜的做法行列中。

但在城市和乡村中，烧烤是人人青睐、家家热爱的好物。无论户外露营、好友聚会还是阖家团圆，只要一炉烧烤镇场，便有了热闹的氛围。

不能处庙堂之高，则居江湖之远。烧烤，凝聚了中国饮食最市井、最家常和最温情的那一面。

悠久的烧烤史

烧烤的历史，远远早于其他烹饪方式。炖、煮需要耐火的容器，蒸需要容器里加装隔水装置，煎、炸需要食用油的榨取技术。烧烤的技术却很简单：几根树枝，点起火，就能让腥膻的生肉变成油花四溢、香气扑鼻的烤肉。也许在没有文字的时代，烧烤就已经成为人们告别茹毛饮血的捷径。

但严格来说，"烧"和"烤"，含义并不相同。《说文解字》对"烧"的释义是一个更复杂的字"蕘"。这是个会意字，是火点着草的意思。

今天，在云南西部地区还存在着一种古老的美食——"火烧肉"，当地人有时又称之为"大烧"。其制作方法很简单，就是把猪肉整个埋入柴草堆里，点燃柴草，慢慢等待火焰燃烧、熄灭，然后洗掉猪皮表面烧焦的地方，剩下半生不熟的猪肉切成薄片，凉拌着吃。

不能吃生肉的外地人，可以只吃较熟的外层，而本地人则更倾向于生的、熟的一起吃。若非如此，吃得算不上畅快。这大概是古老的"烧"保存至今的饮食"活化石"。

　　而广泛存在于中国饮食中的烧猪、烧鹅、红烧肉、家烧鱼、葱烧海参这些带着"烧"字的菜品，虽然它们的具体的烹饪方式还会有煮、烤、煸、炒等，但它们无一例外，都有"焖"这道工序。一个小小的细节里，反映出现在的"烧"这种烹饪方式的本质。

　　现在所说的"烤"这种烹饪方式的历史就短得多。北京知名老字号"烤肉宛"里藏着一块匾，是 1946 年由齐白石题写的，店名旁有"诸书无烤字，应人所请，自我作古"两行脚注。

　　"自我作古"绝不是齐白石自大，"烤"字最早可能起源于"熇""烤"等古汉字，或者可能是用少数民族的语言的音创造的字，也可能是民间俚语逐渐演化后创造的字。今天，在内蒙古、新疆等地区，烤肉依然是最朴实的、传统的、具有民族特色的食物。

　　东北的烤肉要在传统泥炉上，用菊花炭来烤。只有这样，才能获得恰到好处的火候。切大薄片的猪五花烤到卷边微焦的时候，蘸上大酱，用生菜叶或者紫苏叶包起蘸好酱的五花肉片、生蒜、青椒，一口一个，滋味厚实，辛香均衡。

　　在山东淄博、青岛和江苏徐州，也流行着与东三省极其类似的炭炉烧烤。这可能是东北少数民族南下留下的痕迹，也可能是闯关东移民的反向影响。总之，烧烤里，藏着地域的互通和人类的迁徙史。

　　一斤生羊肉，煮熟后一般在七两左右，烤熟后不到五两。而且使用明火很容易在干燥的地方引起火灾，所以在盛产羊肉、缺乏燃料、少雨高寒的内蒙古草原，牧民们大多时候更倾向于白煮的烹饪方式，只有贵客临门或者庆祝盛大节日的时候才会出现烤肉。以前蒙古式烤肉一般不直接放在火上烤，而是把烧红的石头填入掏空清洗好的羊肚子里，让热量缓慢地由内向外把肉烤熟。这样烤肉，不容易引起火灾，并且能让热量持续更久。羊肉外层的肥油损失少，润而酥化；内层的瘦肉、排骨焦脆香美。相比寻常的由外而内的烤肉，它的风味非常特殊。

北疆的烤肉以伊犁为代表。切成大块的阿勒泰寒羊肉油脂丰富，用鸡蛋、皮牙子（洋葱）和盐混合的材料腌制后上明炉烧烤。鸡蛋是用来上色增香的，可以为羊肉表面裹上一层焦黄色的香脆外衣；盐是用来增味的，同时能让瘦肉更有嚼劲；皮牙子则是用来去除膻味的。三种腌料分工明确。

南疆的烤肉则以喀什为尊，这里的多浪羊生活在半荒漠化的盐碱地里。由于当地温差大、植被贫瘠，所以羊肉几乎没有膻味。羊肉不需腌制直接切成大块，火烤，加入喀什地区所产的茴香粉、辣椒粉、姜黄粉等调配而成的粉料后，自然香酥入骨，滋味丰沛。

　　红柳烤肉是南疆烤肉最具代表性的一种。产于塔里木盆地边缘绿洲里的多枝怪柳，因为有浅红色的树皮而被当地人称为"红柳"。它受热渗出的树汁具有清香味，能为烧烤的牛羊肉增添风味。因为红柳枝较粗，肉块需要切得较大些才能串起来，所以在新疆各地，"红柳烤肉"常常是大块烤肉的代名词。

　　总之，"烤"崛起于江湖，发端自阡陌。这种凭借烟熏火燎而生的食物，在越遥远的地方，越有广阔的天地。它与"烧"字组合起来，完成了汉字在餐桌上精准、恰当的表达，呈现了烧烤这种料理方式的一体多面性。

烧烤在南方

在"烧烤"这个词还没诞生之前，中国人把相似的做法叫作"炙""炮""燔"。曾有诗句："有兔斯首，炮之燔之。君子有酒，酌言献之。"炮指将带毛的动物裹上泥放在火上烧，燔指用火烤熟。成语"脍炙人口"的意思是美味人人爱吃，比喻好的诗文人们都称赞。这里的"炙"，指烤熟的肉。

根据文献记载，周天子的食谱里，载有"肝膋"及其烹饪方法，它实际上是一种烤狗肝。先取一个完整的狗肝，用狗的网油将其包裹住，浸湿后置于火上烤，待狗肝外表烤焦时即可。据说汉高祖刘邦即位以后，常以炙鹿肝或炙牛肝下酒。

一个常常被人忽略的细节是，当黄河流域的人们，正在追捧烧烤野兽肉、家畜肉的同时，长江流域另一种烧烤也正在生长。

《大招》里载有"炙鸹烝凫，煔鹑陈只。煎鰿臛雀，遽爽存只"的诗句。所有的食材用各种各样的器具和适宜的火候来做，吃得人满口留香、畅快无比。其中就有"炙"等烧烤方式。显然，作者笔下中国南方的烧烤，在当时就已经呈现出食材丰富、不拘一格的特点。其食材尤以水禽和水产为主。这种饮食特点符合楚国江河密集、湖泽遍布的地理性，也呈现了中国南方丰富物产构建下的烧烤殿堂。

岭南烧烤

今天的岭南地区，人们倾向于烧烤海鲜。粤西人以烤生蚝为尊。手掌大的湛江生蚝，洗净后闭壳开烤。雷州半岛常年炎热，海水盐度高，生蚝自带的汁水带有浓郁的咸、鲜、甜。上炭炉后外烤内煮，壳内汁水收浓，不需要任何调味，成品自然味道丰沛。上桌之前撬开蚝壳，加入金银蒜和小米椒末点缀。它们与咸、涩、鲜、腥的蚝肉互为补充，再搭配一瓶啤酒，就是身居南海之滨的人们的莫大乐趣。

而在粤东，另一种烧烤，是潮菜的登峰造极之作。和炭烤生蚝追求的原汁原味不同，烹制炭烤响螺必备一份潮汕烧汁和一瓶高度白酒。潮汕烧汁做法复杂，用火腿、肥膘肉、鸡清汤、川椒、头抽酱油等十几种材料一起熬成

浓郁的汤汁。与之相反，炭烤的过程本身却不复杂。整个响螺上炉，用白酒
和烧汁反复灌浇、烧煮、冲洗，洗去螺肉表面有土腥味的黏液，让它浸入浓
郁的酱香和酒香。几小时后，螺肉烤熟，切成薄片。螺肉的外表雪白，尝之
有火腿的香、白酒的醇、猪肉的丰腴和鸡汤的鲜美。这些味道都搭载在紧实
微甜的螺肉上。这是中式烹饪的至高境界。

　　而潮汕人称为"螺肝"的螺尾，更是炭烧烤螺里的妙物。它肥美、滑嫩、
充满烟火气，类似法式鹅肝而过之。

　　到了十万大山簇拥下的广西、贵州，人们在烧烤多元化的道路上走得更
远——不到贵州，不知烧烤调料之多；不到广西，则不知烧烤食材之多。

　　细长弯曲的猪鞭，用盐、孜然和辣椒去除腥气，便能凭借脆韧的口感轻
松上位。烤猪眼要整只入口，齿颊到处猪眼爆浆。有经验的食客都会凭借猪
眼表面的温度，决定落齿的时机。早了容易烫伤口腔，晚了则无法体会香气

四溢的快感。

　　除此之外，还有各式各样的烤蛇、烤虫。在黔、桂地区，烤木虫、烤蜂蛹、烤蝎子，都不是罕见食物。如果火候到位，它们都会呈现出趋同的浓香与松脆。

川渝烤鱼

　　屈原笔下的烤鱼则保存在了四川盆地。川渝烤鱼风靡全国的时间并不长，坊间传闻它发源自万州，又有人说它来自巫溪。但事实上，整个川东地区一

直有把鲜鱼烤香，再用调料炖煮入味的传统。它反映了长江三峡地区丰沛水系孕育的渔业资源之丰富，也呈现了川菜重调味、擅搭配的传统。

　　郫县豆瓣和青花椒是川渝烤鱼的灵魂所在。烧烤后的草鱼、鲇鱼肉质疏松多孔，各类呈味物质随着水、油渗入鱼肉深处。川渝地区对菜肴好吃的两个评价是入味和下饭。烤鱼符合这两个标准。

云南的烤鱼和"包烧"

　　云南的烤鱼，则走上了完全不同的道路。这里的许多江河流经处是傣族聚居区。这个千年来擅长耕种、捕鱼的民族，总结出了丰富的烧烤方式。

　　腌菜膏是云南保山、德宏等地区傣族人的一种特色风味酱膏。有人曾评价腌菜膏是云南烧烤的味觉标签。这种调味料要用萝卜叶、盐和糯米一起发酵，

取其酸水，慢慢熬至黏稠。整个熬制过程很复杂，需要有经验的老人动手操作，火候、水量、撇浮沫、时长和细心程度都是决定腌菜膏独特风味的因素。味道好的腌菜膏色泽清亮、酸香扑鼻。在兑入适当的水、盐、糖、香草、折耳根和小米辣之后，腌菜膏就成了搭配香茅草烤鱼，以及去腥、解腻、增添酸香风味的神仙蘸水。

而在滇南，普洱、西双版纳的傣族聚居区则流行"包烧"。所谓"包"，是用芭蕉叶或者柊叶把食材和香料包裹起来，在炭火塘中烤熟。包烧与来自西方的包锡纸烧烤类似。芭蕉叶能让食材受热更均匀，并锁住水、油，使食材口感软嫩多汁。更重要的是，植物叶提供的清香，能为食物增添独特的风味。

对于滇南傣族人来说，万物皆可包烧。最值得一提的，莫过于加入了猪肉末、芭蕉花、葱花、香菜、蒜泥和鸡蛋的包烧肉饼，以及肚子里塞满薄荷、葱花、姜末、小米辣的包烧鱼。

烧烤在北方

北京炙子烤肉

今天，北京人喜爱的地方美食，少不了炙子烤肉的身影。所谓"炙子"并不是动词，它指一种烧烤工具，它的顶部是由一根根铁条钉成的有缝隙的圆形。铁条下面烧着大块的劈柴——松木或果木。牛肉、羊肉切成薄片夹在炙子上烤，油脂滴落，烟气上升。将烤好的肉片蘸上点儿辣椒油，夹到热乎乎的烧饼里咬上一大口，面饼、烤肉和辣椒的香味在口中慢慢融合。饼有肉味，肉有辣椒香，层层递进。

炙子是不是铁条钉起来的，中间有无缝隙，是老北京人判定炙子烤肉店是否正宗的标准。如果餐馆用的是铁板一块，那么十有八九是欺世盗名的改良餐馆。

古代的烤鸭

公元 6 世纪，北魏贾思勰所著的一部综合性农学著作《齐民要术》中记述了炙法（烤肉的做法）。其针对牛、羊、猪、鸡、鱼、蛎等不同肉类和部位有二十多种腌渍、调味、火候各不相同的炙法，堪称"古代烧烤秘籍"。

这其中，最值得一提的是一道名为"脯炙鸭"的菜品。它的做法复杂。将一只肥鸭去骨，加入酒、鱼酱、姜、葱、橘皮、酱油等腌渍一顿饭的工夫，再放进炉里烤。虽然这只是当时众多烧烤里不起眼的一种，但从长时段来看，它却启蒙了今天闻名世界的中国代表菜——烤鸭。

麻辣烫：一碗国民级的水煮菜

如果你想在吃上享有自由的空间，那就去吃一碗麻辣烫吧。

麻辣烫店铺的冰柜拥有包容的个性和英雄不问出处的气概。荤的、素的，天上飞的、海里游的，都汇聚在方寸天地里。无论素食主义者，还是无肉不欢的老饕，都能在几分钟内选出一份充满个性又可以大快朵颐的美味。

食材统一下锅，稍时捞出，浇上一大勺原汤，加上一层油泼辣子，红油浮起，鲜香气扑鼻。

从川渝源起的麻辣烫在短短十数年内，成为活跃在中国的大江南北、街头巷尾的国民级美食。每一口麻辣烫，都是一场五味的狂欢。麻与辣的交织，鲜与香的融合，如同生活中的酸甜苦辣激荡着每一个食客的味蕾，也温暖了每一颗寒冷的内心。

麻辣烫的身世

麻辣烫，形式简单。一碗热气腾腾的汤汁里，加上鲜嫩的肉食、新鲜的蔬菜和海鲜、筋道的面食，有荤有素，营养搭配均衡。但万变不离其宗，水煮菜是它的底色。

川式水煮菜的历史并不久远。这种以多种材料调配口味的菜品，极其依赖辣椒、花椒等香料的加持，但与崇尚原汁原味、清淡呈现的传统中餐相比，这种菜无疑是"异类"。

据说 20 世纪 80 年代，四川乐山的江边，一群纤夫和船工发明了麻辣烫。由于每日生活在江边，潮湿寒冷，生活又较为苦累，吃起饭来没个准点，因此他们就地取材，将江边的野菜、江里的鱼虾放入锅中煮沸，加点儿花椒、辣椒驱寒祛湿，就创造了又麻、又辣、又烫的麻辣烫。后来这种麻辣烫就在街头摆摊售卖。当时有一首顺口溜，"八十年代街边站，电杆脚下烫串串，一口砂锅几样菜，一盘干碟大家蘸"说的就是它。

而"麻""辣""烫"这三个字本来就是形容川菜的，因此当乐山麻辣烫传到成都之后，因为不具备独特性，在成都便改名为"串串"，后来不只在街边摆摊，也进入店铺，也就成了"串串香"。此后还衍生出了更多相似的食物，比如冒菜、冷锅串串、钵钵鸡等。

按串卖，是四川麻辣烫的灵魂。

再后来，麻辣烫就走出了四川，在东北焕发了第二春。

四川麻辣烫的传入，给这个气候寒冷之地带来了新的美味。将四川麻辣烫改良后的"东北正宗四川麻辣烫"出现了。

"正宗"这个词夹在两个地名中间，似乎显得有些奇怪，但麻辣烫确实起源于四川，而在传到东北之后，经过了更适合东北人口味的改良，便成了"东北正宗四川麻辣烫"。

东北的麻辣烫，减轻了辣度，减少了油量，降低了温度。汤汁从火辣的红油改成香醇浓郁的骨汤，用牛奶加上筒骨熬制而成，口味更加平和，让麻辣烫也可以喝汤了。淋上一大勺麻酱，黏稠的麻酱包裹住食材，香而不腻，麻辣烫变得不那么麻、不那么辣、也不那么烫。在东北的寒冬，先吃一碗麻辣烫，在吃完菜之后，再喝上热气腾腾的汤汁，整个身子都暖了起来。

最有趣的是，辽宁抚顺人还发明出一种无汤版的麻辣拌，将蔬菜、肉丸煮熟后捞出，加上蒜末、葱花、麻酱、酱油、醋等拌在一起，黏黏糊糊，味道香郁。东北人还要加上一勺白糖，将鲜味发挥到淋漓尽致。

无论是做麻辣烫，还是做麻辣拌，东北人似乎将"麻"从"麻辣"变成了"麻酱"。与最早的四川麻辣烫相比，"东北正宗四川麻辣烫"已经完全变了样，最终成功实现快餐化，推向了全中国，乃至全世界。

麻辣烫的现状

提起"麻辣烫"，如今人们能想到的知名品牌，大都是在东北改造后的麻辣烫。它们在人们的日常生活中随处可见，俨然成了国民级别的小吃。同时麻辣烫也衍生出来了许多美食。在中国大江南北，有各式各样的麻辣烫及变种，因为各地有不同的饮食习惯，所以各地对它又有着不同的称呼。

南方的麻辣烫

麻辣烫有酸辣口的。贵州的酸汤麻辣烫的汤用本地特产的红酸汤，这种汤以新鲜的红辣椒、番茄发酵而成，较为黏稠，口感也比较醇厚。喝一口汤，酸爽开胃。贵州的麻辣烫，常常都是一人一个小锅，自己拿着串串涮锅，可以说是一种串串版火锅。云南的麻辣烫，则会在汤汁中加入柠檬。柠檬的清香与酸味，给麻辣烫增添了一层清新的味道。

虽然与麻辣烫的名字并不相符，但以口味清淡闻名的江浙沪地区也有特色的麻辣烫。

浙江的衢州与湖州，有一种甜辣的麻辣烫。肉圆、鸭血、猪肺等独特食材，经过甜面酱与鲜辣椒的点缀，甜辣交融，让麻辣烫既麻辣，又带有丝丝甜意。湖州人又对鸭货情有独钟，甚至将鸭货也放在麻辣烫中水煮，鸭香与蔬菜的鲜香相交融。安徽芜湖的麻辣烫，则会在一层红油之上，加上一勺甜酱，红油香而不辣，甜酱又使得麻辣烫口感层次丰富。

湖北荆州和湖南益阳两地，麻辣烫的吃法比较相似——中间放一个圆形的涮锅，锅里塞满了串串一直炖煮，随吃随拿。不过两地相比还是有着些许不同，吃益阳麻辣烫，每个人都有自己的小料，围着中间的涮锅，想吃什么就自己拿。荆州麻辣烫则是点单的形式，客人向老板大喊自己想要的汤底、食材。不一会儿，麻辣烫就端到了面前。在热闹的店里，嘈杂的人声对于老板和店员来说，是对听力和记忆力的挑战。

江西南昌的麻辣烫不叫麻辣烫，而叫"水煮"，听起来清淡，实际上是将食材放在满是红油的锅里面一直卤煮，让蔬菜、肉类吸满汤汁，一口下去爆辣。

北方的麻辣烫

河南新乡的麻辣烫，加糖又加醋。一份糖醋汤底，是河南人对麻辣烫的偏爱。山西人爱吃醋，在山西，即使是麻辣烫，也少不了醋的点缀。一碗麻辣烫与常见的无异。青菜、肉类、主食……煮好之后撒上花生碎，再倒上半壶醋，便是山西人对麻辣烫的理解。在山西太原，还有着一种叫"沾串"（也叫"蘸串"）的食物。将各种蔬菜、肉食穿成串，放在锅中烫好。店中摆放着十几种不同口味的酱料，麻辣、孜然、蒜蓉、麻酱……吃的时候就将串串在酱料中一蘸，味道更加丰富。

陕西延安也有一种蘸料吃的麻辣烫，不过因为离四川更近，所以与四川

麻辣烫更为相似。这种蘸料吃的麻辣烫用孜然和其他各种香料调和成锅底，放入串串，烫好后蘸料食用。锅底的调料香又混杂上蘸料中的醋和蒜末，增添了一抹酸爽和辛辣。宁夏的麻辣烫叫"辣糊糊"，底料也是用辣椒、孜然和其他香料制成，汤汁浓郁，香辣入味。

天水麻辣烫是中国西北麻辣烫的代表。

一碗天水麻辣烫汇集了甘肃多地的物产——天水本地的辣椒，陇南的花椒，定西的宽粉，还有兰州和张掖的各种蔬菜……一碗麻辣烫，装下了小半个甘肃。

有人是这样描述天水麻辣烫的："前调是辣椒的香，中调是菜的鲜爽，尾调有点儿麻"，而这都多亏了舀入的那一勺油泼辣子，这也是天水麻辣烫的精髓。

这油泼辣子，以香为主，辣度适中，香中带辣，以天水谷特产的辣椒为原料。这种辣椒皮厚肉香，捣磨成粉后，加上各种香料磨成的粉调味，泼上滚烫的食用油，辣椒的香气瞬间充盈到鼻腔，令人食欲大增。

除了油泼辣子，天水麻辣烫在出锅的时候，往往会撒上一把花椒面，在香辣之上再添加些许劲爽。这一勺油泼辣子、一把花椒面，可以说是"蘸鞋底子都香"。

天水麻辣烫整体以素菜为主，其中有各式各样的土豆制品，比如宽粉等，爽滑筋道，裹上一层油泼辣子，挂足红油汁水，香中带辣，"哧溜"一声，香气回荡，也可以让人感受到西北地区的豪情。

只要还有小龙虾，
世界就不会太坏

探究小龙虾

龙虾和小龙虾的区别

龙虾和小龙虾有什么区别？相信大多数人都会不假思索地回答：龙虾个头大，小龙虾个头小；龙虾生活在海水里，小龙虾生活在淡水里。

但事实上，这两个答案都是不准确的。中文称谓的"龙虾"与"小龙虾"很难用生物学分类界定。国人所说的"小龙虾"，一般指淡水螯虾，或者更狭义地指实现了大批量养殖的克氏原螯虾。

从科学意义上来说，"龙虾"和"螯虾"才是被区分出来的两大种群：龙虾只有一个科，普遍海栖，个头大，但也有体长小、淡水洄游的品种；螯虾种类更多，虽然大部分都生活在淡水中，体型不大，但也有海栖的品种，比如著名的波士顿龙虾，它其实与中国人常说的"小龙虾"亲缘关系更近。

中国的"小龙虾"

《风味人间》的台词说，小龙虾起源于美洲。这话并不太准确，即便把范围局限到淡水螯虾，它依然是在全世界各地均有分布的一种世界性生物。

哪怕在东亚大陆，也有自己的原产"小龙虾"——东北黑螯虾、南京黑螯虾、史氏拟海螯虾和朝鲜黑螯虾。它们虽然和现在市场上主流的小龙虾不是一个品种，但确实也是螯虾亚目下的生物。其中，尤以东北黑螯虾最为知名。在中国古籍中，它有一个略带贬义的名字——"蝲蛄"。蝲通癞，描述这种生物外壳的丑陋块状瘢痕，蛄则说它近似昆虫——显然，在古代汉族人眼里，这种东西不是食物。

唯一能找到的记载，是一些中医药典籍里，以"蝲蛄石"入药，用于止泻和治疗佝偻病。对于汉文化核心区的人们来说，东北地区在清代以前，大

部分时间是羁縻统治的遥远边疆，那里生活的生物，自然带着一丝神秘的药用色彩。

两种相似的"豆腐"

东北的少数民族，在有限的文字记载里，有食用蝲蛄的历史。在努尔哈赤的宴席上，有一道"蝲蛄豆腐"。这不是真正的豆腐，而是把鲜活蝲蛄打碎，滤掉壳渣之后，把汁水和肉下到滚汤中瞬间凝结的豆花状食品。

在吉林，至今传唱着许多关于蝲蛄豆腐的民谚，如"蝲蛄豆腐香，常吃身体壮""龙岗山里有蝲蛄，砸吧砸吧做豆腐，五花汤水冒仙气儿，谁要吃了谁有福"。直白的句子，或许来自闯关东的平民的创作，或许由少数民族

语言转译。字里行间，没有汉语文学复杂的修辞和华丽的辞藻，充满了自下而上、欣欣向荣的生命力。

另一种与蝲蛄豆腐相似的食物是江苏张家港的蟛蜞豆腐。所谓蟛蜞，是一种只有铜钱大小的螃蟹，单独食用不仅麻烦，而且腥味重。但将其打碎滤渣，加入姜汁去腥后，却能煮成柔嫩鲜美的"豆腐"。

虽然没有任何文献证明蟛蜞豆腐和蝲蛄豆腐的相关性，但参考二者高度相似的制作工艺，对比同时代汉族厨师的烹饪很少有类似案例，可以推测，这或许是满族人入关后，南下的八旗军民到了不产小龙虾的地区，就地取材后发明出来的食物。

因味道而生，因习惯而传。小龙虾的风味流变进程，大抵如此。

美国小龙虾的来华之旅

和中国的养殖方式一样，在美国克氏原螯虾的养殖方式也是多样的，大体可以分为池塘散养和稻田养殖两种。和中国人不愿意把到处打洞的小龙虾养在稻田里不同，许多美国人并不以稻米作为主食，所以很多水田里的稻米完全给小龙虾做饲料。这种在中国农民看来有些暴殄天物、浪费粮食的行为，却一度让路易斯安那和新奥尔良的小龙虾产量长期领先。

但这一优势却在中国小龙虾产业崛起后化为乌有。由于传统的原因，欧美国家很多民众吃东西都有"只进不出"的习惯，不愿意费事吃带壳或带骨头的食物，所以美国养殖的小龙虾，大多数是以虾仁的形式流入市场。

但由于小龙虾的剥壳无法进行标准化作业，所以取虾仁的过程需要耗费大量人工，这直接导致美国小龙虾产业成本居高不下，并在中国小龙虾养殖业发展起来之后迅速衰败。现在北美洲的市场上，来自中国的小龙虾虾仁越来越多。

　　1927年，日本从美国引进了二十只克氏原螯虾，目的是培育成牛蛙的饲料。根据北海道相关农业志的记载，克氏原螯虾被引进到日本后，导致当地东北蝲蛄的近亲日本蝲蛄濒临灭绝。

　　小龙虾传入日本后，并没有得到日本消费者的青睐——毕竟是"牛蛙的饲料"。同时，日本有丰富的海水养殖条件，海产品非常丰富，另外，日本人认为小龙虾出肉率太低，肉的鲜味不足，不足以做食物。以上就是当地人不那么喜欢吃小龙虾的几个原因。

几年后，克氏原螯虾又被引入中国，最早的养殖地在南京附近，虽然如今的文献已经无法还原当时引进的目的，但很可能也是作饲料用。

中国人一开始也和日本人一样，对这种长相丑陋的生物并不感兴趣，还传出了一系列关于小龙虾脏、吃尸体、重金属富集的谣言，让人们一度拒小龙虾于千里之外。

但事实上，在小龙虾最初进入中国的时代，国内工业化和农业现代化程度不高，清洁的水体随处可见，这也让早期很多野生小龙虾的品质极高。直到 1993 年，江苏盱眙的一家饭店，推出"十三香小龙虾"的吃法，在复杂香味的加持下，人们才惊讶地发现，原来这玩意那么好吃！

所谓十三香，是以花椒、胡椒、丁香、草果、茴香、桂皮、木香、砂仁、白芷、良姜等香料配制而成的一种复合调味料，最早并非源自江苏，而是诞生于河南。人们常常用它炖煮荤菜，能获得奇异的香味。

会吃的中国人很快把它应用于小龙虾。经过麻辣鲜甜酱料的"调教"，红亮的虾壳被剥开后手指也留香，浸入了香料的虾肉更让人胃口大开，与用卡疆粉调味的小龙虾有着诸多相似之处。

21 世纪初，街边吃小龙虾的风潮从江苏出发，迅速席卷周边的上海、安徽等地。夏季天空晚霞铺开时，街边大排档的一串串灯泡也被挂了出来，映照着忙碌了一天的人们。他们大口喝着冰啤，谈笑风生地大啖美味小龙虾。

小龙虾点亮了仲夏的夜。

小吃

中的

世相

◎ 新疆
红柳烤肉

◎ 云南
滇式云腿月饼

◎ 四川
小酥肉

◎ 甘肃
天水麻辣烫

◎ 陕西
葫芦头

◎ 晋陕地区
原味麻花

◎ 天津
大麻花

◎ 山东
九转大肠

◎ 江苏
小龙虾、青团

◎ 广东
广式月饼

◎ 福建
福州鱼丸

◎ 浙江
嘉兴粽子、小笼包

◎ 台湾
蚵仔煎

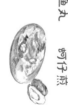